别害怕啦：给自己安全感

〔美〕海伦·奥德斯基 著
赵燕飞 译

WUHAN UNIVERSITY PRESS
武汉大学出版社

图书在版编目（CIP）数据

别害怕啦：给自己安全感 / (美) 海伦 · 奥德斯基著；赵燕飞译 . — 武汉：武汉大学出版社，2022.2

ISBN 978-7-307-22687-6

Ⅰ. 别… Ⅱ. ①海… ②赵… Ⅲ. 心理学—通俗读物 Ⅳ. B84-49

中国版本图书馆 CIP 数据核字（2021）第 229815 号

责任编辑：姜程程　　责任校对：牟　丹　　版式设计：百朗文化

出版发行：**武汉大学出版社**（430072　武昌　珞珈山）
（电子邮箱：cbs22@whu.edu.cn　网址：www.wdp.com.cn）
印刷：三河市京兰印务有限公司
开本：787×1092　1/32　　印张：5.25　　字数：77 千字
版次：2022 年 2 月第 1 版　　2022 年 2 月第 1 次印刷
ISBN 978-7-307-22687-6　　定价：39.80 元

献给玛雅和艾力克斯

媒体好评

“在当今如此不确定的世界局势下，我很感激奥德斯基博士带来了这部新作，帮助我们驯服“害怕”这只大怪兽，过上一种更充实平和的生活，无论什么风浪袭来都让我们有能力应对。加入她的粉丝团，做出掌控人生的决定吧。从今天开始，从现在开始。”

——《如何在焦虑时代做新少年的家长》作者约翰·达菲博士

“当你焦虑的时候，你所见之处只有焦虑。它紧迫、沉重、势不可当，你不禁发问：我会不会一直这样下去？为什么是我？为什么是现在？为什么它还不停止？你感到挫败、绝望，似乎你已无能为力。幸运的是，有很多策略能帮助你管理（害怕所带来的）焦虑、最小化焦虑……这本新书里的绝妙理念……作者是临床心理学家海伦·奥德斯基博士，她是焦虑症专家，自己也亲身经历过焦虑症的困扰。”

——Psych Central网站

目　录

Contents

代 序

约翰·达菲博士

自从人类诞生以来，害怕就啃噬着人类的心灵和头脑。我们有如此多害怕的事物：蜘蛛、高处、流言乃至新的亲密关系。我们甚至还没意识到害怕对我们的影响就已经被它影响了，直至为时已晚。有时候，害怕甚至能阻止我们追逐目标的脚步。我们本不应该活在这种永无止境的害怕状态里。

在当今如此不确定的世界局势下，我很感激奥德斯基博士带来了这部新作，帮助我们驯服“害怕”这只大怪兽，过上一种更充实平和的生活，无论什么风浪袭来都让我们有能力应对。奥德斯基博士在这本书里给了我们驯服害怕的所有工具，让我们最终能够与害怕对视，让它知道我们不会被它控制我们的人生。加入她的粉丝团，做出掌控人生的决定吧。从今天开始，从现在开始。

我有幸读过海伦·奥德斯基博士的第一部作品《思维变现》，当时的一些感受放在此处竟也很适合：

“读这本书，你会找到一次性彻底击败害怕的全部工具。它不是诡计，不是仅一次管用，而是一个综合的、容易操作的害怕根除系统。把这本书放在手边，花时间认真阅读。相信海伦博士会一步步带领你通关。这将改变你的人生，你终能获得自由。”

“对于生活中的一切都不必感到害怕，只需要去理解。此刻就去增加理解，以此减少害怕。”

——玛丽·居里

导　言

写给读者的话

“未来不属于怯懦者，未来属于勇敢者。”

——罗纳德·里根
关于“挑战者号”空难的全国演讲

亲爱的读者朋友：

当我写这本书时，整个世界都被害怕所吞噬。经济的、社会的、健康的等种种方面的害怕在这场全球疫情中不断地加剧，占据各个媒体头条。害怕当然不是什么新奇现象，只要是人就会害怕，甚至会极度害怕。虽然害怕是人性的一部分，但勇气也是人性的一部分。当我们开始理解我们的害怕，理解它的由来，我们就能利用它。当我们在害怕面前做到确认、接纳、有目标地行动时，我们就具有了害怕智识——“驯服害怕”。

“无惧”的运行前提是危险不存在的错觉，“驯服害怕”则搭建起一个害怕处理系统。“驯服害怕”有三个重要功能。第一，它鼓励我们用更实际可行的方式应对害怕，在绝对安全或绝对确定性不存在的前提下做出决定和行动。第二，它鼓励我们用创造性的解决方案去应对问题。第三，它鼓励我们坚持信念和希望——信念和希望能帮助我们在最需要的领域中执行和转向，比如在工作、亲密关系、个人生活中，当我们遭遇拒绝、失败、打击时，当现实逼我们挑战更高的目标时，我们都需要信念和希望来加持。

这本书专注于研究个体在各种情境或各种人生阶段中所面临的害怕。无论在职场还是在亲密关系中，害怕常常以没有安全感、决策困难、感觉僵硬束缚的形式呈现。它阻碍我们的学业成就和工作成就，阻碍我们体验亲密关系中的喜悦和满足。如果我们能征服害怕，培养出一种“驯服害怕”的态度，我们就能通向更远大的目标、成就和获得真正的亲密关系。

害怕和勇敢是每个人都逃不开的人生挑战。总有一些领域让我们感到害怕，总有一些领域能让我们活出勇敢。勇气就像肌肉，我们能锻炼它，使它变强。

当我们学会了应对害怕并持有勇气，我们就具有了“驯服害怕”的能力。为达到这一目的，我们可以练习AAA模式：确认（Acknowledge）、接纳（Accept）、有目标地行动（Act with Purpose）。第一，我们必须确认当下的害怕是对生命危险的警报信号还是仅仅是对自身小我的威胁。第二，我们必须接纳当下的现实境遇和情绪感觉。第三，我们必须决定去有目标地行动，要想拥有“驯服害怕”的能力我们就不能只做个旁观者。“驯服害怕”的获得是一个过程，改变通常是微小的而非巨大的。在这一过程中，下面的步骤是至关重要的。

“驯服害怕”的步骤

第一步，必须放下借口

借口是盾牌，使我们不用去面对真正的困难。

当众或私下找借口的同时，我们心里就知道自己正在说谎。我们必须逼自己认清真相，放下借口。比如，如果你的借口是“离婚以后我不敢去约会，是因为我还没减掉该减的20磅体重”，你可能需要找到真正的原因：约会让你感觉你容易受伤，你害怕受伤。

承认了借口，你才可以去解决真正的问题：你害怕信任别人，多年后重拾约会令你手足无措。直面真正的问题是痛苦的，但它能给你指出一条向前的路——离婚之后情感的疗愈。只有认清了真相，我们才能改变。

第二步，必须摒弃完美主义

我不想当那个带来坏消息的人，但我不得不告诉你这个残忍的事实：再多的努力也不会带给你完美的亲密关系、完美的事业、完美的人生。我们唯一能追求的是创造一种足够好的生活，满足我们的需要、让我们体验快乐。期待完美的、理想化的生活会阻碍我们体验满足和快乐，使我们生命中的美好事物黯然失色。但我并不是要求你去将就。

我不是要你妥协，要你放弃追求那些你认为非得到不可的事物，而是要你找到一条向前的路，一条你力所能及又有成功机会的路。当完美和这条路背道而驰时，它就是一个陷阱、一个亮闪闪的空心物；虽然一时振奋了小我，但灵魂还是空虚的。摒弃你对完美的渴望，用优秀和足够好取代完美吧。

第三步，接纳害怕

你试过说服自己不要感到害怕吗？如果试过，你就知道这是绝对徒劳的。害怕有时候是不可避免的，害怕不重要，我们如何应对害怕才重要。我鼓励你倾听害怕正在对你说的话，带着害怕去行动。有时候，我们怎么也摆脱不掉它，它反倒能催促我们把事情完成。无论是开始约会、争取晋升，或是以各种方式挑战自我，害怕都将常伴我们同行，允许它与我们同行，我们才能心怀勇气地向前走。

可能你会发现有的步骤对你而言很容易，但有的步骤需要更多的时间去训练和调整。别放弃，给自己多点关爱和耐心，坚持下去！

“有一件事我无比确信——我们唯一要害怕的东西是害怕本身，这种不可名状、非理性、无根据的害怕能让人动弹不得……”

——富兰克林·罗斯福

第一章
焦虑是害怕产生的一种情绪

焦虑：一种不愉快的、通常强烈的情绪，产生原因是对危险的预期或觉察。

——《韦氏大词典》

害怕的感觉，虽然我们都体验过，但人们都知道很难去描述它。更令人混乱的是，我们经常把“害怕”和“焦虑”交替使用。认知疗法的创始人艾伦·贝克博士对两者是这样区分的：“害怕是对危险的估计，焦虑是当害怕被激发时产生的一种不愉快的感觉或情绪。”害怕是一种预期，一种思维现象，而焦虑则是害怕唤起的感觉。然而，害怕不一定必然导致焦虑，也可能引发行动和快速反应。

对害怕的反应有三种：僵住（什么都不做）、逃跑（逃避）、战斗（对问题施加反作用力）。这些反应是由大脑中的杏仁核调节的，它负责识别、体验和表现害怕（阿道夫斯，2013 年）。作为生存策略，这

些反应能保护我们免遭威胁。如果你僵住了，捕食者可能就不会发现你。如果你逃跑了，你就能摆脱捕食者。如果你比捕食者还高还壮，你可以战斗，确保自己存活下来。

僵住和逃避虽然从进化观点看是有用的，却给不了我们渴望的东西。难道你听过别人这样说“我得到理想工作的方法是天天做白日梦”？逃避同样给不了我们事业、亲密关系或其他目标。有的单身朋友会说“我不知道在哪里可以遇到心仪的异性”，这就是僵住模式。僵住模式即行动为零，就像瘫痪了似的。它通常伴随着头脑活跃，但这种活跃只是在绕圈圈，不产生决策或行动。逃避模式是把自己和问题拉开距离，或分散自己对问题的关注。

僵住通向后悔，而逃避通向焦虑。我们会后悔于失去的机会和没走的路，我们也无法说服自己相信：逃避必要的风险，在很长的时间里我们感觉良好。当我们经常性地逃避生命中的重要课题时，我们会渐渐

对自己和自己的能力失去信心。我们会愈发焦虑，愈发害怕那些让我们逃避的事物。虽然每个人都会不时逃避做不愉快的事情，但逃避只是临时药膏，最好节约使用。

第三种反应——战斗，情况更为复杂。如果我们用战斗的能量去抵制想法或感觉，通常会更糟糕。想象一下：你努力说服自己接受一种令你害怕和作呕的食物是多么美味。想象是一回事，真的产生那种感觉几乎是不可能的，编造一种感觉是徒劳无功的陷阱。用我们的能量去抵制我们的感觉只会白白消耗能量，而不会克服害怕。幸好还有另一种选择，我们可以把战斗看作一种行动方式。如果我们把战斗定义为有目标的行动，就能培养出面对害怕的勇气。

勇　气

> 勇气：去冒险，去坚持，去承受危险、害怕、困难的精神力量或道德力量。
>
> ——《韦氏大词典》

“勇气”这个词会让人想起战争英雄、英勇牺牲和种种非凡人能应对的假想情境，它还能激发罪恶感和羞耻感，为没能实践自己看重的人生准则而自感罪恶，为没能达到自己理想人生的高度而自惭形秽。

在谈论勇气时，人们常有偏向道德化或理想化的倾向。然而我在这里谈论的勇气不是什么抽象的灵性神学道德、英勇壮举、荣誉勋章。在我看来，有勇气不是指解救了房顶上的小猫，而是指人们每天起床面对挑战和困难的态度，是带着意图和目标去生活的壮举。我在研究勇气的过程中发现，它所有的定义都指向行动。下面是关于勇气的一些论断：

“勇气的意志力体现在明知道不一定获得成功，但仍朝着有价值的结果而努力。”

——马丁·E. P. 塞利格曼博士

“勇气不是没有害怕，而是知道别的东西比害怕更重要。”

——富兰克林·罗斯福

几年前我和丈夫在牙买加旅行，我们住在一个很棒的度假村，那里的人们非常热情友好。有一天晚上的街舞演出堪称惊艳，表演结束后我们和一位舞者攀谈起来。他身上散发出充沛又轻松友善的气场，我们聊起了他在牙买加的生活，他给我们讲述了一个我听到过的最有勇气的故事。

乔纳森出生和成长在牙买加的贫民窟里。他的世界很小，似乎很难去设想更广阔的人生可能。贫民窟被毒枭掌控，这让乔纳森看不到未来和希望。十三岁时，毒枭来找他，命令他为他们贩卖毒品。还好他跑掉了，藏了起来，但这只是他们的众多“请求”之一罢了。十四岁时，他们又来找他，他再次拒绝，这次枪口对准了他，威胁他要是不服从就打烂他的腿。在愤怒和绝望中，乔纳森咆哮道：“打我啊，我永远不会为你们工作！”

乔纳森说他也不知道自己怎么会如此硬气，想也没想就脱口而出，但毒枭放他走了。他被扔出了贫民窟，不准回来，否则他的家人都会死。十几岁的乔纳森开始跟着一个街舞队训练，每天刻苦练习，还要自己养活自己。努力终有回报，刚满十八岁，他就被一家大公司录取为专业舞者。

乔纳森说，贫民窟的生活让他总是充满愤怒，看不见未来和希望的他总是处于情绪崩溃的边缘。然而，舞蹈逼着他学习一整套新的技能：自律、情绪管理、压力管理，等等。他必须变得专注、技艺精湛、全身心投入。他做到了。眼前这位温和友善的年轻人经过了刻苦努力，终于抵达了内心的平静。

当我问乔纳森是什么让他有勇气对毒枭说“不”时，他耸了耸肩。

“我知道我不能那样活着，仅此而已。”他的双眼炯炯有神，脸上洋溢着最灿烂的笑容。那一天，他的勇敢行为让他走出贫民窟的泥潭，给予他一个未来，确保了他的自由。近来，他的生活是流动的状态，但充满着无限的机会和可能。

第二章
我们害怕做出错误的选择

“扔掉梦想，做一个行动家而不是梦想家。也许你明确知道你梦想成为什么，也许你因为完全不知道自己热爱什么而动弹不得。真相是：它不重要；你并不需要知道；你只需要一直向前走。你只需要一直有事情做，抓住下一个机会，尝试新事物。你不需要完美的工作或完美的生活。完美是无聊的，梦想是虚假的。”

——珊达·瑞姆斯

在达特茅斯学院 2014 年毕业典礼上的演讲

我决定做出决定：这是犹豫不决的代价

研究生院流传着这样一个笑话：一到写毕业论文的阶段，每个人的房间都变得整齐干净了很多。大扫除突然变得很吸引人，是因为不需要几小时地坐在电脑前进行枯燥的数据收集、文献综述、字斟句酌了。我就读的医学院侧重培养外科医生而非学者，毕业论文的敲门砖作用比起其他学科就更小了，学生们不打算用它踏入学术界，不打算将它发表，不打算拔高它的高度。对大多数学生来说，写毕业论文就是为了满足学校要求，仅此而已。

大多数学生除了坚持学术课程以外还相当忙碌，

做兼职或全职的外科工作，积攒申请医生执照所需的临床小时，当然还少不了应对家庭琐事、亲密关系及其他责任。不写毕业论文意味着延迟毕业和增加金钱开销、意味着找不到全职高薪工作、意味着积攒不到执业考试必需的临床小时。任何延迟都意味着时间、精力和金钱的巨大成本，你不仅浪费了学费和生活费，还耽误了获得从业执照，最终耽误了你踏入热爱的事业的细分领域。

但有的学生就是不积极应对学校的这个要求。当其他人都在讨论如何平衡繁忙的学业和生活时，这些学生他们会给出模糊答案，并解释说“我在慢慢做呢”或“我遇到了一些困难”，然后连忙转移话题。他们似乎缺乏精力，没有计划，只抱着最终某个结果会自动完成的侥幸心理。

可惜这些学生是逃不掉做出认认真真写毕业论文的决定的，每一个步骤不得不有序推进。计划上的失败等于计划去失败，因为你必须提前安排妥当，教授才可以审阅你的草稿，才赶得上学校设定的最后期限。研究生教育的高昂费用意味着绝大多数学生都借了大额贷款，若不能按时毕业势必会让他们的负债增加。尽管现实严峻，但这些学生依旧毫无行动力，显然他们被这一决定的重量吓住了，遗憾的是不行动的代价十分昂贵。

并不是他们故意决定多花钱，故意推迟一两年就业。而是就在他们决定要不要按时完成毕业论文时，时间已经流逝，现实已经替他们做出了决定。实际上，不行动本身就是一种决定。对做决定的害怕可以表现为缺乏行动力，被动、无休止地收集信息，冗长的优缺点列表，用忙碌或消遣作为拖延的理由，围绕同一个话题进行无休止的讨论却不产生行动方案。就好像你的车轮在空转，陷在泥里开不出去。

真相到底是什么呢?

以我的专业经验判断，我们害怕做决定是在害怕如下几件事。第一，我们害怕做出一个不完美的决定。第二，我们害怕我们做出的决定会招来别人的评头论足。第三，我们害怕如果事实证明这个决定不对，我们会后悔不已，难以原谅自己。下面让我们就以上每一点详细展开讨论。

首先，做出一个完美的决定是很难的。因为所有的决定都是有利有弊的，我们通常只能在若干个不完美的备选项中选择。无论哪种选择，都可能需要我们舍弃有利的方面、忍受有弊的方面。可以说，一切决策都会带来不完美的决定。回顾过去，你会发现某个决定所包含的弊端其实是有迹可循的，只不过当时不容易被察觉。

如果一切决定都是不完美的，那么我们的标准就得从“做一个完美的决定”改为“做一个足够好的决定”。否则就是自我不快，自我失败。把你自己从完美主义的枷锁中解放出来吧，将你的决定看作数据线上的一个点而非绝对真理。大多数决定是可撤销的，除了引爆核弹头和生小孩儿以外。当然，有些决定需要花费时间仔细考虑，挑选结婚对象或确定职业方向理应花费时间分辨选择，而挑选咖啡机或度假地则可以比较迅速地做出决定。

其次，害怕被人评判也是一个阻碍我们做出重要决定的因素。最近我的一位来访者萨曼莎，一位拥有常春藤教育背景的年轻女子，越来越不满意她在商界的工作。虽然薪水很高，也有智力挑战性，但缺乏她所看重的更大影响力。她的梦想是成为一名医生，她很确定这一点，但害怕别人会认为她愚蠢。抛弃商界的大好前途去投奔医学的决定并不适合所有人，但她很坚定，所以来找我解决害怕被人评判的问题。

“这个评判，”我问她，“是谁的评判呢？你到底是担心谁来评判？”她耸耸肩，茫然地思考了一会儿，回答：“我想我说不出具体是谁，可能是我自己评判自己，自己担心别人会怎么想吧。”

有了这样的醒悟，萨曼莎终于决定掌控自己命运的方向盘，朝自己的目标行动了。和大多数人一样，萨曼莎把自己的害怕投射在别人的想法上了。虽然我们不能保证别人不会评判我们的职业选择，但别人怎么想，我们是无法控制的，我们可以控制的是自我评判。我鼓励萨曼莎全心全意地相信她所选择的医学之路，无视其他无关的想法。通过聚焦于自己的目标，萨曼莎想出了一个她认为最适合自己的职业转型计划。

最后，后悔情绪是阻碍我们做出决定的一个障碍。老实说，我们是不可能准确预见一个决定会如何在未来展开的，因为有很多现实情况超出我们的控制。当我们回顾过去，有时会拼凑出一幅相当不同的图景，因为加入了经验带来的附加信息。在当初做出决定的时候，这些信息是不存在的。即便如此，我相信我们依然可以做出好的决定，只要我们允许自己只对已知变量负责。即使做出的决定在后来证明不是很好，我们依然可以选择如何管理好自己的后悔情绪。

大多数人都想让损失最小化，所以自然也会尽力让后悔最小化。依我的经验看，我们后悔未能达成的目标、未能实现的任务、未能说出的话，远远甚于后悔我们决定去做的事情。换句话说，我们后悔我们的不行动、被动、逃避，甚于后悔我们的行动。我们在面对做决定时很容易忘记这一点，但我鼓励你把它牢牢记住。

如果你很容易陷入后悔情绪，我建议你对自己的行动采取一种不自责的立场。你可以收集信息、重新评估，看看能从一个不好的结果里学到什么，千万不要自责。留意你的自我对话，用温柔宽容的声音询问自己自责真的有用吗？通常自责只会带来负罪感和羞愧感。如果你的自我对话里充斥着自责，我鼓励你改变一下，对自己温柔一些！负责任的自我诚实和自我监督，和每犯一个错每遇到一个困难都残忍凌迟自己是不一样的。

要打破自责羞愧的循环，你需要温柔地与自我对话，聚焦于事实不夸大。不要辱骂自己，不要事后诸葛亮责问自己“当时就该知道的”。说出你当下的情绪，是沮丧、失望、震惊、受伤、挫败、难堪、羞愧、悲伤、愤怒、害怕，还是别的？允许自己感受到情绪，不要有苛责言辞，提醒自己要有经受风雨的能力。带走经验教训，扔掉其他的东西。相信自己有穿过风雨调整航向的能力，欣然接纳每一刻的境遇。

当需要做出决定，“驯服害怕”时要明白以下信条：

- 不行动其实就是一个决定。
- 要下决心做出决定。
- 要为错误留出空间。
- 制订应急方案是基于现实而不是基于害怕。
- 把做决定看成是做成一件事的某一个环节，而并非结果。
- 要降低过分指责和遗憾。

总结：缺乏行动、延迟决定或忽视决定，这些本身就是在做一个决定。

“成功不是终点，失败也并非灾难，最重要的是拥有前进的勇气。”

——温斯顿·丘吉尔

第三章
因为害怕失败，所以患得患失

“失败是上帝在对你说，亲爱的，你走错方向了。”

——奥普拉·温弗瑞

1997 年在韦尔斯利学院毕业典礼上的演讲

没什么比“害怕失败”那么强烈地将我们置入绝境的事情了。这种害怕通常有两种表现形式。大多数人能直言他们害怕失败，偶尔我会听到相反的说法“我害怕成功”。依据我的经验，害怕成功是一种假象，不如说是害怕自己不能成功，这从本质上来讲还是对失败的害怕。难道我们真的害怕太多金钱从天而降花不完吗？不，我们害怕的是相反情况的出现，是害怕付出了很多努力也不见成功的影子。达不到成功才是让我们心灰意冷、颤抖害怕的凶手，我们都是被困的人质。

正因为我们不愿承认自己害怕失败，我们于是给自己编织了一件覆盖全身的“借口防护衣”用以保护自己。这些借口能进行自我维持，从而构建出一个生态系统，不让我们面对自己无比害怕的真相。下面是一些“害怕失败”借口清单：

- 我想拥有亲密关系，但我来自一个单亲家庭，我认为自己经营不了婚姻。
- 我已经浪费了太多时间陷在糟糕的亲密关系里，从头再来太迟了。
- 我是想跑马拉松的，如果我的屁股再小点儿、体重再轻点儿、运动细胞再发达点儿、身材再好点儿的话。
- 我也想多旅游，但我的原生家庭不是爱旅游的类型。
- 我也想上大学，只可惜没有那么多时间学习。

- 我也想追逐梦想，但现在的责任就够我忙的了。
- 我也想发展这项兴趣爱好（音乐、跳舞、表演），但人家说我没天赋。
- 我一直梦想着要干一番大事业，只可惜现在太老了。
- 童年给我的创伤很大，我认为自己没有能力成功。
- 我没有别人那么好的运气。
- 这个社会讲究人脉，我好像没什么好人脉。
- 有的人是梦想家，我好像更擅长做梦不擅长行动。
- 我天生就欠缺成功的基因。

- 经济形势差，公司都不招聘。

- 如果我选择了不一样的工作和伴侣，我会快乐得多。

- 我还没准备好去改变，我想我应该观望一下。

- 如果会有什么好事发生，也早该发生了。

- 我认为别人就是天生比我更聪明、更上进、更快乐、更有才华。

- 也许我应该知足，不要得寸进尺。

- 我可以努力，但有点儿不值当，万一得不到我想要的，岂不是会一样不开心？

以上的借口仅列举了我所知道的一小部分。有多少想象力，就有多少借口。借口还能自我强化。藏在每一个借口背后，都有一个我们能迅速回想起的支撑性事件，百分之百地佐证我们的观点。令我感到震惊的是，我们运用借口的速度太快，竟然立刻就抛弃了我们最为珍视的梦想！这真是印证了我们对失败的害怕何其之深。

在《终身成长》一书里，卡罗尔·德韦克博士深入研究了我们的思维模式如何支配我们对失败的看法。“固定思维模式”的人倾向于把事物区分为固定构件，比如聪明对应愚蠢，这类人认为失败是自己不够优秀的标志。在固定思维模式下，我们视失败为自己不够优秀的证据。这会驱使我们去降低期望值，以保护自尊心不受打击。

当我们视失败是自己不够优秀的证据时，我们会开启低风险低努力的行为模式，这又助长了我们的习得性无助，一种认为自己没能力的错觉，习得性无助也和抑郁紧密相连。我们会寻找机会证明自己没那么差，而不是努力做到更好。我们甚至会开始放弃，表现得很冷漠，为了保护自己免受失败所带来的羞愧感和耻辱感。

幸运的是，还有另外一种“成长思维模式”，这类人把失败看作成长和提升的机会。失败让有“固定思维模式”的人退缩，却让有“成长思维模式”的人干劲儿满满。失败激发了他们继续向前出类拔萃的渴望。在他们眼中，失败是通往成功路上意料之中的客人，他们欢迎它，甚至喜欢它，不把它看成是麻烦。拥有“成长思维模式”的典范是迈克尔·乔丹，他把关注焦点放在前一场比赛盖过他风头的球员身上，为的是激励自己更刻苦地精进技艺。鉴于我们大多数人并不把失败看作激动人心的事情，德韦克的研究结果还是非常值得人深思的。

一次的失败并不能说明什么，往往失败的尝试会通向正确的机会。上大学的时候，我修过一门历史课，课程包含一趟为期两周的欧洲旅行。不料我的旅行签证延误了，赶不上和同学们一起，只能独自一人出行。因为我的机票车票都是临时改签的，有的没座位，有的不得不换其他交通方式抵达目的地。虽然过程有点儿波折，但这次小失败教会了我独立和自力更生的技能。

从卡罗尔·德韦克的研究中我们可以推断出设立目标的重要性，它不仅有利于应对失败，还有利于战胜对失败的害怕。给自己设立目标有助于培养问责制。

使用下面的目标表格来帮助你不脱离轨道。针对每个目标，写下你将要完成的内容，要包括具体细节，以便你能测量进度。比如，如果你的目标是开始一项健身计划，不要写“我要健身”，而要描述你将要做什么事情、要做多长时间。

“我要在星期一、星期三、星期五早上 8 点骑车、远足或散步，每次 30 分钟”是一个具体的、可测量的目标。记得要把任务的具体执行时间写进日程表。检查自己的进展情况，对任何妨碍你进展的路障务必留意和处理好。最后，设定一个结束日期，即使你的目标仍打算继续下去。

举个例子，假设你打算全年都坚持健身，你仍然要设立当月的目标，月底检查完成情况。这样做能帮助你保持干劲儿。目标本来就需要周期性地修订和重新评估，即使你已经决定要继续健身，但随着你的耐力不断增加，你可能需要开始设立新的目标，比如跑 5000 米或跑半程马拉松。用下面的目标表格记录你每月的目标吧。

我的目标表格

我的具体目标	开始日期	进展情况	结束日期
（举例：1月份我要保持一周3次去健身房）	（举例：1月1日）	（你去健身房了吗？）	（举例：1月31日）

“驯服害怕”计划

如果我们倾向于用“固定思维模式”看待失败，可以采取什么措施改善呢？尝试下面的“驯服害怕”计划吧。

- 拥抱手头的任务。制订一个具体的计划，包括你将要做什么、什么时候做、如何做。一定要生动具体地设想自己正在执行这个计划。
- 你要记住：失败的是某个任务，不是你这个人。
- 感觉糟糕时保持好习惯。遭受挫折是不可避免的，当你面对挫折和随之产生的负面情绪时，继续采取你认为积极有效的做法。
- 投入百分百的努力。低努力不会让你不失败，低努力会确保你失败。努力带来结果，没有例外。

- 设立目标，然后设立更大更难一点的目标，稍稍超出你的舒适范围。让你需要去展望的目标才是能让你投入的目标。
- 从批评中学习。建设性的批评能给你带来成长和提高的机会。我们都有盲点，反馈意见能照亮这些需要提高的区域。
- 正视你的优越感。我们不会因为内在“特别”或“有天赋”而取得成功，而会因为专注做该做的事、负责任、可信赖而取得成功。
- 不否认问题的存在。如果你否认你的问题，你就无须改变或努力。你首先必须承认哪些地方需要改变，这样成长才会发生。
- 把别人的成功当作鼓舞你的力量。别人的成功不会限制或威胁你能取得的成功，相反，还能让你有胆量去取得你以前认为不可能的成功。

- 学会优雅地失败。失败是一门艺术。我们都会失败，都得学会如何爬起来，再试一次。不要责备自己、侮辱自己，这样你很快会因失败而获益。

未实现的潜力之谜

> “持续的努力是开启我们潜力的钥匙，这钥匙不是爆发力也不是智力。”
>
> ——莉安娜·科德斯

有多少次我们听到过类似这样的说法：“他本来有那么光明的未来，可惜他没有实现自己的潜力！”这句话体现了我们对成功和失败抱有怎样的看法呢？我认为它体现了一种固有信念：我们的智力天赋或其他天赋对我们将来的成就起着决定性作用。

“未实现的潜力”在我看来是一种破坏性的信念。只有一部分人有潜力需要培养，我认为这是错误的。

"潜力未实现的首要原因是从未正视此刻在你生命中的富有重要性的事物。"

——哈尔·埃尔罗德

每个人都有内在的潜力需要培养，每个人都不因其潜力而显得特别。真正决定我们成就的是我们的努力、勤奋劳作、克服挑战和其他种种因素。

我们的社会推崇这一可拥有“巨大潜力”的谎言，而它注定会让我们失望。巨大潜力被好莱坞电影刻画为罕见的独角兽，人人都寻觅它、渴望它、仰慕它。它诱导我们想象：毫不费力的成功不仅存在，而且比起通过勇气、勤奋和坚韧取得的成功更优越更令人羡慕。

让我们换个角度思考：难道我们想让我们的孩子相信，毫不费力就做好的事才是值得做的事？难道我们要鼓励他们只做已经达到完美水准的事，只为向自己和别人证明自己赢得毫不费力？这种信念体系会对他们的情感发展和智力发展造成怎样的影响？整个社会的发展和人类持续解决更新奇、复杂、多维挑战的能力又会如何？

我们被灌输了一个特大谎言：轻而易举毫不费力

的成功是最令人羡慕的成功。当然了，我们都渴望轻松不费力。但同等重要的是，我们也都渴望挑战、成长和提升。所谓的“未实现的潜力”阻碍我们奋力向前冲，好像这么做是羞耻的事情。

努力挣扎并不会显得羞耻。我们的潜力是动态的，在很大程度上是未知的。“未实现的潜力”限制了我们，它暗示如果有潜力就不应该这么难，进步太慢就等于没有潜力。我相信每个人都需要进步成长，当我们挣扎着成长时就是我们真正绽放和成功之时。

当你被“未实现的潜力”这个谎言愚弄时，你应该这样做。第一，认识到潜力不是一个预知的固定值。第二，接纳你错过了一些机会，没做成一些事情，原谅自己，过去的就让它留在过去，别把借口和错误的信念带到未来。第三，开始设立目标，练习“需要费力”的成功，设定最后期限，建立问责制，按时检查进展情况，你要看到努力是值得的，给你的行动和努力应得的赞许。

失败了再爬起来，这是每个人都必须面对的事情。如果儿时的我们摔了几跤就放弃了，那我们就都学不会走路了。你在遭受挫折之后继续向前走的能力决定了你的成就水平。我们每个人都会时不时地遭遇失败，即使生活充实，还是会遭遇许许多多失败。

对失败的害怕有时会伪装成羞涩、懒惰、迟钝等，比如有时我们害怕在舞台上失败出丑，会故意反应迟钝假装错过机会。如果你也曾这样伪装过，请仔细观察一下你在害怕什么。通常我们害怕的仅仅是小我受挫，但古人说得好："不入虎穴，焉得虎子？"

站在场外让别人投球命中，你什么也得不到。投入赛场里！行动起来，你什么也不会失去，除了一点点傲慢。你拥有可以得到全世界的机会，这可不是芝麻小事！学着抓住机会的过程可能是一条锯齿状的折线，有时容易，有时艰难。给自己包容和耐心，给自己应得的赞许，无论每一次冲锋的结果如何。失败了，温柔对待自己，鼓励自己继续前行！

我们需要接纳的信条

- 对失败的害怕是正常的，这表明有一个我们认为很重要的东西胜败未定。
- 胜败未定的不是我们的自尊，而是某个我们想得到的东西。
- 每个失败都包含一个教训，找到它，扔掉其他的东西。
- 失败是通往任何美好事物路上的一次颠簸。
- 成功不是必要的也不是必然的，而过程必定是有价值的。
- 不努力的成功是不存在的。所有的成功都必须努力才能得到，努力的成功是值得的！
- 你的潜力是动态发展的，只有你能决定你要如何成长和进化。

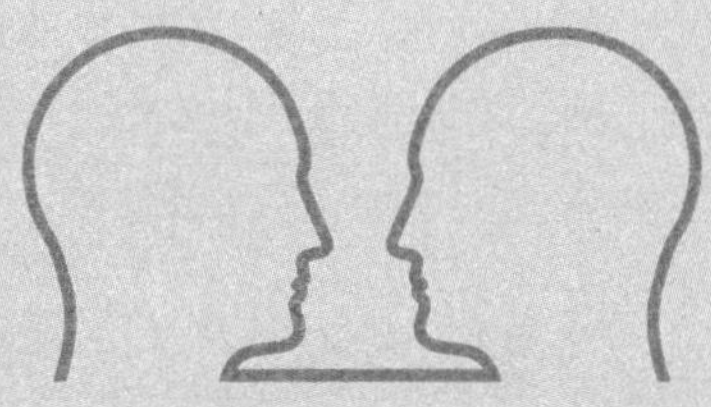

第四章

别人的评价对我们真有那么重要吗？

“重要的不是批评家，不是指出强者怎样跌倒的人，不是指出行动者哪里需要改进的人。荣耀属于身处竞技场的人，他的脸上沾满灰尘、汗水、血滴；他英勇战斗；他犯错，一次次暴露不足，因为只要努力就会有错误和不足；但他拼了命地做事情；热情高涨，百分百投入；为一项有价值的事业燃烧自己；在最好的情况下他成就了伟业，在最差的情况下他失败了，但他至少怀着一颗勇敢的心，这绝非那些冷漠胆怯、从不知成功或失败的人能够比拟的。”

——西奥多·罗斯福

《共和政体中的公民权》

我们有多少次浪费自己的宝贵时间去担心别人对自己的看法？无论是选择穿什么衣服、找什么工作、开什么车、住什么小区，当我们的选择被我们的朋友、邻居甚至陌生人的看法所支配时，我们通常会屈服于别人的看法。

我们无休止地收集信息，例如我应该做什么、应该如何生活。我们开始严格编辑和审查自己说的话，只提供“安全的”、合乎时宜的看法。我们把最棒的想法藏在心里，害怕招来批评和嘲笑，我们放弃自己的重要想法只为迎合当下的流行观点或流行趋势。

当我们过分地在意别人的看法时，会出现以下

状况:

- 我们隐藏自己的真实想法和真正情绪,不说出自己的观点和偏好。
- 我们改变自己性格的某些方面,为了合群,像条变色龙。
- 我们变成专业的建议收集者,为自己的人生选择寻求认可,无论多么小的选择。
- 我们不再分享自己的近况,好的坏的都不分享。
- 我们变得完美主义,为了避免遭到品头论足、批评或拒绝。
- 我们经常怀疑自己做出的决定,反复猜测别人会怎么看自己。

- 我们掩盖自己的一切不同之处，为了避免负面评价。

- 我们从众，即使并不真想从众。

- 我们躲避一些人或一些场合，因为我们不习惯说“不”，不习惯表达偏好。

为什么会出现这些状况呢？原因如下：

- 我们害怕批评。我们不想看到自己的选择被人嘲笑、讽刺、评头论足。

- 我们想确保自己的选择是“正确的”。

- 我们太习惯于做出让步，即使被问到有什么偏好，也不会说出自己的偏好。

- 我们不喜欢自己做选择，常常依赖别人给自己指出正确方向。

- 我们不喜欢惹人注目、与众不同，往往固守自认为“安全的”选择。

- 我们不信任自己的决策能力，把做决定这件事包给别人。

- 我们不喜欢冲突，经常为了和谐去顺从别人，事后却总后悔一些决定。

该怎么改变这些状况呢？“驯服害怕”的真理来帮你：

- 你要知道，别人根本不会花那么多时间关心你选择做什么、选择怎样生活。

- 培养自我关怀，关怀和聆听自己的需要。写日记是个好办法。

- 用“足够好”取代完美主义，这为你打开了抵达卓越和成功的可能性。

- 在人际交往中保持本色，表达你对各种话题的真实偏好和真实观点。

- 首先做一些内省，确定你自己价值观的优先次序；然后寻找志同道合者，他们就是你的族群。

- 接纳你在一些方面的与众不同，这些不同之处恰恰可以丰富和加深你的人际关系和生命体验。

- 学会说“不”，设定边界，不允许别人越界侵占你的时间和选择权。

- 你要知道，你控制不了别人怎么想，但你绝对能控制你自己做什么和你决定怎样生活。

“什么人最害怕失败呢？——已经有所成就的人，显然不是冒牌货的人。”

——艾米·卡迪

第五章
自信是克服害怕的良药

“冒充者综合征的妙处在于，你在两个极端之间做钟摆运动，一边是极端的自大狂，一边是‘我是冒充者！天哪，我快暴露了！我是冒充者！’自大狂出现时你就尽情享受它，冒充者出现时你就不经意地滑过它。”

——蒂娜·菲

在播放量超过五千万的TED（Technology Entertainment Design，即技术、娱乐、设计，美国一家私有非营利机构）演讲《你的身体语言可能塑造了你是谁》中，艾米·卡迪分享了她的冒充者体验。作为一名聪慧的高中生，艾米即将去著名大学攻读博士学位，迎接她的是学术界的大好前程。

不幸的是，这时艾米遭遇了一起严重车祸，脑部受了重伤，医生说她原本的梦想不得不改变了。她丧失了博士生录取资格，就连拿到本科文凭似乎也很难了。但艾米没有放弃，她打起精神努力学习，后来竟然考上了大学，不仅考上了大学，竟然还被常春藤高校的博士项目录取了。就是在那里，她感觉自己是个滥竽充数的人，觉得自己不配来到这里，甚至对一位教授说她不属于这里，她要退学。

幸运的是，教授告诉她不可以放弃。这样，艾米就继续学了下去，一直都带着滥竽充数的自我感觉，就好像她在愚弄每个人，这里不是她该待的地方。一直到她成为另一所著名大学的院系成员，一位女学生向身为教授的她求助说她觉得自己不配在这里。正是在那一刻，艾米·卡迪意识到自己已经克服了“冒充者综合征”，不再有这种自我感觉了。她终于成为一直以来她认为自己在假扮的那个人。现在，轮到她对学生说：要相信自己并坚持下去。

持“自我怀疑”态度是一种比较常见的现象，尤其是当我们开始新的工作或角色时。高级管理人员、医疗工作者和律师会经常怀疑自己是否够格、是否高效、贡献是否足够大。对一部分人来说，这种感觉不是一时的，而是蔓延数年甚至数十年，同时伴随着见不得人的羞耻感，认为自己不如别人、不够好，且成就越多，羞耻感越多。

有趣的是，成功不是“冒充者综合征”的解药，仅仅是提高了赌注，助长了对终有一天被人揭穿的害怕。在《向前一步》一书里，脸书首席财务官雪莉·桑德伯格写道：

“每一次我在课堂上被老师提问，我都确信我会丢人败兴。每一次我参加完考试，我都觉得我一定考砸了。每一次我没有丢脸甚至发挥出色，我都确信一定是我又一次欺骗了世人，说不定哪天我很快就会被揭穿……这种有能力的人被自我怀疑折磨的现象有一个名字，叫冒充者综合征。男人和女人都会患病，但女人的体验更强烈、更受其限制。”

我的咨询经历告诉我，“冒充者综合征”是男女通吃的。女性通常会避而远之，缩回到一个安全的工作里，说服自己更进一步的成功是不可能的，转而扮演其他的角色。男性通常会原地踏步，迟迟不敢申请晋升，将就于不需要自己太努力挣扎的工作。无论男女都会因为退缩而感到痛苦。

艾米·卡迪克服了她的害怕，她分享的建议是“假扮直到你成为假扮的那个人”，而不是“假扮直到你成功”，那样只会助长自我怀疑的害怕，当你成功了，你只会感觉谎言更大了，害怕更强烈了。如果你坚持着，保持前进路线，假装你配、你应该、你属于，总有一天这些行为会塑造出一种新的自我认知——“我不是那个冒充者，而是应当在此的有能力的人”——因为你已经成为这个人。如果我们身体力行这一建议，就必须在害怕信念方面进行如下重要的改变。

“驯服害怕”信念

我们可以把害怕信念改变为“驯服害怕”信念：

- 无用的信念：“我得到这个职位是个意外。”

  有用的信念：“我得到这个职位是我努力和掌握技能的结果。”
- 无用的信念：“我的同事和管理层高估了我的能力。”

  有用的信念：“我的能力胜任甚至超过我的工作。”
- 无用的信念：“我过去的成就只是一时的幸运和侥幸。”

  有用的信念：“我过去的成就当之无愧，每一分钱都是我自己挣来的。”
- 无用的信念：“别人如果了解了真正的

我，会非常失望的。”

有用的信念：“别人如果了解真正的我，也会尊重真正的我。”

- 无用的信念：“我一直都在欺骗世人，被大家发现我是骗子只是时间问题。”

有用的信念：“我没有欺骗任何人，大家都承认我的贡献。”

“驯服害怕”信条

- 初学者不是冒充者。初学者是一个需要收集相关经验和技能的人，是一个需要好导师指导的人，是一个能成长为他或她的角色的人。
- 大多数人至少曾在某些时刻感觉自己是个冒充者，虽然感觉如此，但不是真的如此。
- 大多数专家跟你的起点一样，都需要学习、发展。用这个鼓舞你向你选择的目标前进。
- 努力加上时间，你也会抵达你的目标。

"如果你放手让他们去做的话，他们会变得像夕阳一样美好。当我欣赏落日时，我不会说'右边角落的橙色再浅一点比较好'。我不试图控制落日，只是带着敬畏之心欣赏它。"

——卡尔·罗杰斯博士

第六章

如果被拒绝，没什么大不了！

“真正的归属是灵魂层面上对自己的深刻信任和深刻归属，你敢和世界分享最真实的自己，有人做伴时有神圣感，无人做伴独自站立时也有神圣感。”

——布琳·布朗博士

我们对归属感的需要是如此之深，研究表明，拒绝之痛和生理疼痛给人的感受竟是一样强烈的。拒绝威胁到了我们的一个最根本和原始的需要——归属感的需要。从进化观点看，归属有着明显优势。你归属于一个团体，生存概率会更大，因为有食物、庇护所和其他重要资源。面对掠夺者和各种威胁，能得到团体的保护。作为团体的一员，组建家庭繁衍后代的可能性也更大。正因如此，当我们的归属需要受到威胁时，我们会害怕拒绝，会退缩、逃避、逃跑。

拒绝令我们感受到的脆弱，是其他情形难以匹敌的。拒绝触发了我们对自己不够好、不如人的害怕，让我们怀疑自己的价值。怪不得我们都想方设法逃避这种感受呢。它是残忍的，它伤害到我们的真正内核，无论生理层面还是情感层面。

通常情况下，我们害怕被人拒绝其实是害怕自己不合群。布琳·布朗对合群和归属是这样区分的：

> “合群是评估某个形势，把自己变成形势需要的那个样子，从而让自己被接纳。归属不需要我们改变自己，它需要我们做自己。”

如果归属是游泳池，合群就是它的浅水区，是扮演别人想要的样子，依形势或团体需要丢弃部分的自己。像变色龙，总是改变着，真正的自己从不登场。合群让我们暂时摆脱了对拒绝的害怕，却是一种代价高昂的应对策略。这是因为如果我们从未显露真正的自己，又怎么能被真正地接纳和归属于某个团体呢？我们把自己隐藏起来，是在努力摆脱害怕，但害怕并不会消失，因为隐藏了真正自己的我们仍然是害怕的。

我们惧怕不被接纳，惧怕显露真正的自己会驱散旁人。我们怀疑自己口才不够好、不够漂亮、不够聪明、不够有文化、不够优秀，或是有什么骨子里的致命缺陷。

于是我们一点点改变自己的信念、自己的分享、自己的语言，这些反过来又改变了我们。我们被困在一种持续的害怕和断联状态，变得更加愿意评头论足、吹毛求疵。如此在意合群的后果是，我们失去了自己，失去了自己的信念。我们开始感受到无比的孤独，即使身边有人做伴。归根结底，如果我们不是发自内心地去联络他人，又怎么会有真正意义上的联络感呢？

这就是一个害怕、焦虑、完美主义的滚雪球模式。最糟糕的是，一种无缘无故的空虚感开始弥漫在我们内心、我们之间。社交媒体的世界正是如此！当价值被“赞”和“粉丝”度量时，真正的归属在跑路，对拒绝的害怕大行其道。当我们奋力去模仿最新最潮的明星、大师、超级球星时，我们失去了一些重要的东西，得到了一大把怕自己不够新潮的害怕和焦虑。

我足够好吗？当我们把自己跟别人做比较时，实际上是在试图回答这个问题。我比得上别人吗？但这个问题有答案吗？这个答案有什么意义吗？在我看来，这类问题把我们困在一个充满匮乏感的旋涡里，让我们欲求不满。

并且，在这类不重要问题上的纠缠让我们顾不上思考另一些至关重要的问题。我支持什么？我相信什么？我想过什么样的生活？在谁面前我可以完完全全做自己？谁是真正爱我、关心我、接纳我的人？我想给这个世界留下什么印记？需要借助到我的哪些天赋？我何时可以听见自己真正的声音，说出自己的真实想法，即使真实想法难入世人耳？这些问题我们最好在独处时进行思考，远离一切可能出现的他人的判断。这些问题将向我们揭露自己的真正内核。只有回答了这些问题，我们在他人眼中才算是完完全全登场了。

“驯服害怕”练习

花一些时间，写下你对上述问题的答案。如实地写，自由地写，就仿佛谁也不会看到。深思熟虑地写。如果你写下答案的时候开始感到脆弱了，你可能就找到答案了。

如果被拒绝的是我们不那么虔诚的信念，我们会受伤会痛。如果被拒绝的是我们真正的信念，我们会感受到一种别样的情感上的脆弱。这让我们看清究竟哪里才是自己的归宿、哪里不是自己的归宿。这种清晰明了对我们很有利，我们每个人都必然有一个真正归属的地方，只是我们需要找到它。那份工作你没有申请到？也许这是一个转变职业方向的信号。你跟那个人还是分手了？也许你们的亲密关系形式需要改变。那个圈子你不合拍？可能你距离找到真正的族群不远了。

拒绝的纤维被编织进几乎每一次重要的人生经历中，无论学业、事业、友情、爱情，都包藏着拒绝的蠢蠢欲动。为了逃避拒绝，我们选择退出、降低目标、假装感觉良好，但这么做真能带来归属感吗？相反我提议，我们要培养自己对拒绝的容忍度，把拒绝视为一个必要之物去接纳它。拒绝是一位老师，它告诉我们什么是有效的，什么是无效的。它指明了一条路，通往我们真正在乎的目标。所以不要逃避拒绝，欢迎它！它是指引我们找到真正归宿的灯塔。

拒绝是我们认识自己进而充实生活的成人礼。回顾过去遭受的拒绝，反思你是否内化了某些消极信念。这个练习会帮助我们更加清楚地认识自己。以下是一些可能出现的例子：

- 无用的信念："我很无趣，社交聚会上都没人搭理我。"
- 有用的信念："当我显露真正的自己时，我能讲出有趣的内容。"
- 无用的信念："我不算很有魅力，所以择偶条件应该放低点儿。"
- 有用的信念："我有魅力，我不应该将就，我要去接触那些我认为有魅力的潜在伴侣。"

- 无用的信念："我不擅长讲话，最好由别人去分享内容。"

- 有用的信念："我有值得分享的内容，我要发出我的声音。"

- 无用的信念："我的文化程度不如我的朋友们，最好不要发表观点，那样会显得很蠢很丢人。"

- 有用的信念："虽然我的文化程度不如我的朋友们，但我一直在努力增长见识，我有想要分享的观点。"

- 无用的信念："我不够有成就，所以聊天话题最好围绕对方展开。"

- 有用的信念："别人想了解的是我，不只是我的成就，还有各种各样的话题可以聊。"

- 无用的信念："我没什么幽默感，为避免难堪，有什么自认为好笑的事情也最好忍住别说。"

- 有用的信念："幽默是个好东西，人人都需要，我如果想到了什么好笑的事情，我会分享出来。"

- 无用的信念："我不知道自己有没有能力张罗宴会，何必费那个劲儿呢，那只会暴露出自己的缺点。"

- 有用的信念："大家尊重组织者的辛苦，没有人是完美的，我尽力就好。"

以上这些无用的信念都植根于对拒绝的害怕。它们束缚着你，局限着你，你脑袋里每天装着这些信念会非常累。也许在过去一段时间它们是有用的，保护你免受拒绝伤害，但现在它们已经变成你的累赘了。试着放下这些无用的信念吧。

关于“害怕拒绝”，记住这五条信条

- 拒绝不是你的自我价值的衡量标准。
- 拒绝往往是要教导我们一些东西，寻找到它，其余的放手就好。
- 有的拒绝是健康的，能培养拒绝容忍度。
- 如果你适度冒险，生活充实，那么遇到一些拒绝是很正常的。
- 即使做真正的自己被拒绝，也好过扮演别人而被接纳。

“最勇敢的行为当然是独立思考，并且还要大声说出来。”

——可可 · 香奈儿

第七章

摆脱当众表达的害怕，成就自己的高光时刻

“人类的声音是多么奇妙，它的确是灵魂的器官。人类的智力醒目地坐落在前额和眼睛，人类的心灵写在脸庞，而人类的灵魂只在声音里显露自己。”

——亨利·沃兹沃斯·朗费罗

在安徒生那篇著名的童话故事《皇帝的新衣》里，皇帝遭人欺骗，误以为自己正穿着一件特别的衣服。特别在哪里呢？头脑简单的人和愚蠢的人是看不见这件衣服的。尽管谁也看不见这件衣服，但仆人们和大臣们一句话也不敢说，生怕暴露出自己是头脑简单的、愚蠢的人。当皇帝穿着他的新衣服沿城镇招摇而过时，只有一个勇敢的小孩儿说出了真相："皇帝没穿衣服！"

有多少次我们身处相似的情境，明明看见了某个事实却害怕说出真相？因为不想被人贴上没能力的标签，不想成为被嘲笑和被报复的对象。

我们的声音很重要。它比我们愿意承认的更加重要，我们却让它经常性静音。纳尔逊·曼德拉曾有一句名言："当智者沉默时，愚者倍增。"在亲密关系中、在学校、在职场，我们被期待发出自己的声音。

事实上，在鼓励沉默的工作场所，员工事故率和错误率都会增加。然而，我们还是依然会扼杀自己的声音。

为避免被拒绝，为适应某个团体、学术圈、职场文化，一次又一次地，我们不再说出需要说出的话。当我们让自己沉默时，我们极大地损害了自己和我们身处其中的亲密关系、人际网络。

当我们在亲密关系中沉默时，我们剥夺了自己坦诚交流的机会，而坦诚交流是培养真正亲密关系的基础。当我们只交流部分真相时，我们丧失了被最亲密的人了解和理解的机会，还制造了距离感和不清晰的交流方式。这会导致无言的怨恨在不知不觉中累积，

“勇敢是我的核心价值观之一，我的身体健康、情感健康和心理健康要求我勇敢发出自己的声音。”

——布琳 · 布朗博士

给亲密关系造成越来越深的分歧。

当我们在职场沉默时，我们剥夺了雇主本来可以获得的发展，这是由我们的专业建议带来的发展。我们也剥夺了自己建立同事关系、师徒关系的机会，这些关系本来可以让我们获得充实的职场生活。最终，我们一手制造并促成了一种害怕和怀疑的文化。

当我们对社会事件沉默时，我们等于助长了暴力或压迫的滋生。当我们对非正义事件沉默时，我们等于心照不宣地默许。这并不是说我们每个人都必须去领导社会正义运动，而是我们都应以某种方式在个人层面上参与。要知道，我们的沉默本身就是一种立场。

我尤其喜欢布琳·布朗博士说的“要勇于表达自己的观点”。选择用自己的声音表达观点可以是公开的或者私下的。对我来说，它意味着我们相信自己的内在知识和心声，这将指引我们朝着特定的方向前进。有时候，相信自己的心声意味着大声说出你所相信的和你所知道的真理；也有时候，它意味着安静地听从你的直觉。这两种情况都要求你有行动力和勇气。

做一个“驯服害怕”的练习

写下一个你压抑自己真实声音的场景，描绘那个场景，描绘最微小的细节，包括环境、活动、人们的穿着、你在哪儿、你周围有什么人。思考一下你想说的话，写下那些话。想象你旁边的桌子上有一瓶水，当你拿起它喝了几口，你开始感觉喉咙放松了，感觉更容易说出你的话了。注意你的体态，注意你的肩膀是放松的，你站得笔直，你的语气是坦诚自信的。注意你的谈话对象给你的回应和他提出的问题，思考这些问题，轻松地给出回答。停顿一下，观察这个练习对你产生的影响，你有什么感觉？你的身体感觉轻盈吗？你有卸下负担的感觉吗？这场交谈是你现实生活中想要开展的吗？写下你对这个练习的任何感想。

对公众演讲的害怕

> “忘掉保守主义，忘掉世人的眼光，想你最棒的思想，说你最棒的语言，做你最棒的工作，向你自己的良知寻求认可。”
>
> ——苏珊·B. 安东尼

害怕表达自己通常表现为不敢对公众演讲。年复一年的研究表明，公众演讲位列美国民众的第一大害怕做的事情，甚至高于对死亡的恐惧。它具体包括：对被评头论足的害怕，对被难堪羞辱的害怕，对被拒绝的害怕。糟糕的是，很多人第一次接触公众演讲是在青少年时期，因而青少年对批评、丢脸和被拒绝的害怕达到最高峰。这有时会导致我们滋生一些无用的信念，比如公众演讲多么可怕、我们多么不擅长公众演讲。

“世界上只有两种演讲者，紧张的和谎称不紧张的。”

——马克·吐温

下面列举一些无用的信条：

- 我就是不擅长公众演讲。
- 我就是一个无趣的人，怎么可能会演讲？
- 我很容易紧张、脸红、结巴、流汗，在众目睽睽下紧张不安太难堪了。
- 公众演讲者得会讲段子，我不认为我很幽默。
- 我一上台演讲就恐慌发作，根本不知道自己在讲什么。
- 我不喜欢自己的声线。
- 别人会评头论足，认为我很蠢。
- 我会丢人到无地自容，再也抬不起头来。

"站在观众面前演讲了这么多年，它只教给了我三条心得。一、你不会死。二、没有正确的演讲方式，只有你自己的演讲方式。三、它绝对值得。"

——格洛丽亚·斯泰纳姆

- 我不认为自己是个能说会道的人。
- 一旦别人发现我肚子里没货，就都会离我而去。
- 每一次我开始演讲，就感到有块石头堵在喉咙里，说不出话来。
- 公众演讲会暴露出自己的外强中干、肚子里没货。

为了克服你对公众演讲的害怕，你需要践行两条原则：一、改变你对自己演讲能力和可怕后果的无用信念；二、练习公众演讲。

首先，写下你对自己作为演讲者的所有负面信息。然后，在每个无用信息旁边写下新的有用信息和支撑细节，比如针对“我是一个无趣的演讲者”，写下“我是一个能引起别人兴趣的演讲者”和支撑的证据“朋友们听到我讲的笑话都会笑”。

接下来，每天练习新的有用信条。最后一步，开始在他人面前演讲，越早越好。你当然会想逃避，任何不舒适感都会激发人的逃避意识，这是人性。

先从最少的观众练起，可以是一位好友或家人，让他们给你诚实的反馈意见，利用反馈意见来改进。当你感觉更自信了一点，就慢慢增加你的观众人数。请记住：真正的自信只能从重复练习中获得。所以你要尽可能多地去练习，寻找更多的演讲机会。正如希拉里·克林顿说过的："如果公众演讲让你感觉不适（没有谁一开始就舒适），你就必须学会如何使其变得舒适。去练习就对了。练习的重要性怎么强调都不为过。让亲密的家人或信赖的同事给你反馈意见。"

我自己在计划公众演讲时，真的会过度思考，想东想西。帮我克服这一点的是上即兴喜剧课并面对现场观众表演。即兴喜剧的信条之一：错误是不存在的，它们都是幸运的意外。这让我在自以为出错或真的出错时都能不停顿地讲下去。

如果你觉得公众演讲很难，就去加入一个当地的即兴喜剧表演团。如果当地没有，也可以上网课。它真的能锻炼你即兴说话的能力，其实也就是公众演讲的能力。如果你认为你说的每个字都得提前准备稿子，我鼓励你先锻炼即兴表达能力和容错力，允许自己即兴表演和出错真的能让自己没有压力。

“驯服害怕”有效的信条

- 出错是公众演讲的一部分，接纳这一点会让你轻松很多。
- 多练习真的能提高你对公众演讲的舒适感和自信心。
- 公众演讲是一个习得的技能，首先在让你觉得舒服的人群面前练习，然后扩大观众，利用一切机会演讲。
- 如果你有机会上即兴喜剧课，就去上！它能培养你的容错力（容忍错误的能力）。
- 你的观众想看到你成功，他们在为你加油鼓劲儿，也请你加入他们，为自己加油鼓劲儿！

第八章
不要过没有意义的人生

“宇宙不是敌意的而是冷漠的，这是它最可怕的事实。但如果我们能接受它的冷漠，接受从出生到死亡或长或短的生命挑战，我们作为一个物种的存在可以是有真正意义和真正满足感的。”

——斯坦利·库布里克

无论我们有意识还是无意识，我们都在力求为自己创造一种充满意义的生活。意义让我们在最困难的时刻继续前行，意义让我们有活力、充满乐趣、心有专注。相反，我们都害怕无意义，害怕至极。很多经历重度抑郁的人都说过他们丧失了生活的意义感和目标感。

生活意义的丧失还与各种成瘾行为密切相连：酗酒、药物滥用、赌博、游戏成瘾、强迫性购物、网络成瘾、暴饮暴食等。生活意义的丧失让我们感到迷茫、心理灰暗、生活单调、情绪沉闷，我们迫切希望驱散这种状态。

我们渴望感觉到我们的生命是有主张的，是有重量的，我们害怕自己无足轻重。然而终极问题不是我们是否创造意义，而是如何创造意义。这个问题的答案是极度个人化的，但是我们可以在下面几个领域里找到一些共通的解答。

第一，家庭生活能让很多人获得意义感。家庭纽带和对家庭角色尤其是父母、祖父母角色的体验是意义感和满足感的来源。照顾长辈或身体有障碍的家庭成员也是一种有意义感的体验。

第二，我们的工作能给我们提供巨大的意义感。工作，无论是有偿的还是志愿的，都能通过智力上的挑战和技能上的收获带给我们意义感。在掌握一门技能或手艺的过程中，我们自身能得到突飞猛进的成长。通过工作我们能建立一个有价值的人际关系网，可以为我们缓冲压力，提供身份认同和归属感。如果你的工作和你的价值观基本契合，比如帮助他人，这样也能给你带来巨大的意义感。无论你在职场中扮演

"一个人对意义的追寻如果是成功的，他将不仅收获快乐，还能收获应对苦难的能力。"

——维克多·弗兰克尔博士

的角色多么小，为社会做出贡献的感觉本身就是意义感的重要来源。

第三，为宗教信仰或社会道义做贡献，无论有偿或无偿，都能带给我们很深的意义感。无论是保护濒危野生动物，还是提升人们对某种疾病的认知，这些经历都饱含意义。我相信每个人都渴望连接到生命更宏大的主题，为高于自身的某项事业做贡献是这种渴望的终极表达形式。这类工作饱含意义和目标感。

在我们创造意义体系的过程中，要记住：尽管上述各领域是意义感的普遍来源，但你的个人旅程是独一无二的，你要创造独属于自己的意义体系。你可以观察一下自己的时间安排表，观察一下哪些活动让你最愿意投入和感到兴奋。比如，如果你每天很享受阅读，教育和智力刺激可能就是你内心最为看重的价值观。如果你每天练习拉小提琴，音乐的鉴赏和表达可能就对你很重要。下面的练习会帮你辨认自己享受的活动。

“驯服害怕”练习

写下你最享受的 5~7 个活动。

下面是一些例子，你可以从中选取或进行补充：

散步	喜剧表演	编织
陶艺	帆船运动	教育活动
戏剧	做木工	打篮球
慢跑	参加读书会	室内设计
烹饪	打保龄球	宗教活动
演奏音乐	素描	练武术
骑车	看电影	缝纫
烘焙	学园艺	学语言
听音乐会	拼图	陪伴家人
练习瑜伽	填字游戏	志愿活动
阅读	打网球	家教
欣赏歌剧	绘画	骑马
跳舞	政治活动	照料宠物
创意写作	踢足球	编程

“不存在一个适用于所有人的宏观宇宙意义，没有一个意义适用于所有人，它存在于每个人赋予各自生命的意义、某个个体的情节，比如个体的小说、个体的书。”

——艾纳伊丝·宁

留下你自己专属的思考

写下你为什么享受这些活动，你喜欢它们的哪些方面，它们能带给你什么感觉。思考一下你是否在日程表中给它们留出了足够的时间，如果没有足够的时间，你最想留出时间给哪个活动呢？然后，从下面的核心价值观列表里勾出5~7个对你来说最重要的价值观，试着寻找到处于你的兴趣和价值观交叉点上的活动。

标注你的有价值的关键词

正直	乐观	互惠
学习	和谐	享乐
精神生活	平衡	爱
冒险	合作	慷慨
快活	稳定	慈善
造诣	智慧	投入
服务	教育	同情心
成就	野心	感恩
真诚	自由	成长
创造力	旅行	谦逊
生产力	接纳	想象力
友谊	忠诚	正义
家庭	开放	疗愈
社团	安全	希望
交流	幽默	喜悦
幸福	宗教	创新
贡献	好奇心	灵感

友善	领导力	耐心
条理	勤奋	团队
激情	个体性	独特
坚持	逻辑	力量
责任	忠贞	支持
感受性	简单	独处
优雅	专注	结果
成功	热情	

增加你生命中意义感的措施

- 你要知道，只有你能找到你人生的意义，放下借口，放下过往。
- 你要与他人连接，还要与真正的自己连接，开始了解什么对于你来说是重要的、是有价值的。
- 你需要有所选择，不可能什么都做。
- 你的兴趣和你的价值观重叠的部分诞生了意义。
- 行动才能产生意义。

第九章
我们害怕不能经营好亲密关系

“健康的人知道别人有选择结束亲密关系的主动权，这激励他们去学习用健康、充满爱意的方式维护关系。然而，当我们的驱动力是羞耻心时，我们不但会害怕失去亲密关系，而且会害怕如果别人了解了真正的我们，就再也不会渴望、追求、爱我们了。”

——温迪·马修

《培养一颗热情的心》

亲密关系能搅动我们内心最深层最隐秘的害怕。可能我们害怕孑然一身，害怕上天并未给我们安排一段满意的亲密关系。可能我们感觉自己不可爱、有缺陷、没价值、不值得被爱。可能我们过去的失败或受伤的亲密关系仍有害怕的残留，并阻碍我们进入并发展一段相互滋养的亲密关系。可能我们害怕在伴侣面前做到完全信任和坦诚。可能我们隐藏自己和自己生活中的重要部分，害怕我们会被人嫌弃、躲避、抛弃。

可能我们担心自己的伴侣是不是可靠的，因为我们自己的成长背景中充斥了秘密或背叛。可能我们展现出过分忌妒和责备伴侣的倾向，因为我们害怕被抛弃被伤害，于是我们先发制人，先抛弃对方，害怕自己变得过于依赖，以此保护自己不受未来某天会到来的情伤。

如果我们怀疑自己的价值、对自己苛刻评判，就可能担心来自伴侣的苛刻评判，可能会选择一个证实我们害怕的伴侣，可能不自知地破坏一段好的亲密关系，因为它不符合那些害怕；可能找一个没吸引力、无趣、乏味的伴侣；可能不敢在亲密关系中提出合理的要求和设立健康的界限——关于我们的时间、接受的行为、被人如何对待。

如果我们在人际关系方面有问题，在进入一段亲密关系时我们可能担心会被吞噬或失去自我，我们可能刻意与伴侣在情感上或身体上保持距离。相反的情况是，我们可能给伴侣太小的个人空间，亲密程度令伴侣感到窒息。也有可能一会儿处于这个极端，一会儿处于那个极端。

上述害怕通常是对亲密关系过往体验的结果。如果我们以前有一段备受束缚的亲密关系，可能就会害怕在关系中失去自由。如果我们曾经受到伤害或虐待，可能就会不太愿意卸下戒备的面具进入一段新的关系。如果我们从小到大认为自己不配或不值得爱，可能就会难以想象被充满爱的关系所接纳。如果我们过去被最亲密的人背叛，可能就会认为信任伴侣这件事实在是太冒险了。

为了从“害怕”手中夺回亲密关系，我们必须与长期伴随我们的破坏性信念对峙。虽然它们可能在过去保护过我们，但如今已经没用了，它变成了阻碍我们拥有健康亲密关系的一道屏障。为了克服它们，首先我们必须明确辨认它们。请看下面的害怕清单，里面有符合你的条目吗？如果你的害怕稍有不同，即便只是细微的不同，也请如实地写下来。

下面是一些亲密关系中可能会让你感到害怕的清单：

- 如果我在一段关系中显露真正的自己，就会遭到拒绝。

- 我的伴侣会挑剔批判我的缺点。

- 我是一个不好亲近不可爱的人。

- 我不会找到我想要的那种爱情。

- 我注定会孤身一人，我可能永远得不到爱情。

- 一旦我的伴侣对我非常了解，就会像其他前任一样抛弃我。

- 在亲密关系中我会感到束缚窒息，我自己的需要再也不会得到满足。

- 在亲密关系中我会失去自我，失去自己真正的渴望和需要。

- 如果我完全信任某个人，我会承受背叛和心碎的风险，我害怕自己会无法复原。

- 我曾经受过很多伤害，我害怕自己已经长出了硬壳，无法卸下防卫，无法跟任何人亲密。

- 我害怕自己没能选择对的伴侣从而陷入一段让自己后悔的关系里。

- 我害怕失去自由和独立。

- 我有太多精神包袱，我不认为伴侣能应付过来。

- 我有太多缺点，我无法想象有谁会愿意接纳它们。

写完害怕清单后，接下来你要去找证据，证明你的害怕不是真实的。找一个安静的地方，闭上眼睛，想象一个让你感到全然舒适的安全隐秘空间。想象你在和一位亲密友人交谈，他也有与你相似的困扰，想想你会用怎样的回应化解他的困扰。在害怕清单上一一对应写下你的回应。

下面是一个表格，帮你整理自己的害怕内容和对应的“驯服害怕”信条。这个练习可能会让我们的情绪变得非常感性、脆弱。如果你觉得承受不了，请记住你不需要一次完成，中间可以停顿休息。当你觉得准备好了再继续，你需要停顿几次就停顿几次。

如果你的亲密关系模式是根深蒂固的，单独练习没什么改观的话，你可以去寻求正规心理健康专家的帮助，可以是你的医生、好友或家人推荐的人选。那个人必须是一位让你感觉能畅所欲言、不必担心被其评判的人。对很多人而言，这可能是信任关系的第一次体验，可以成为未来健康的亲密关系的模板。

亲密关系中

害怕内容和对应的“驯服害怕”信条

害怕内容	“驯服害怕”信条
我必须自己完成一切，不能依赖别人，否则就意味着我缺乏独立性。	我们都是互相依赖的，再独立的人有时候也需要依赖别人完成事情。
如果我依赖别人，对方就会怨恨我，认为我是个累赘。	我可以随时留意和处理可能出现的怨恨、矛盾、事件。我肯定我对别人的要求不是强求、别人有能力满足。
如果我向别人征求反馈意见，就会被批判、羞辱、千刀万剐。	我可以利用这个机会来锻炼自己应对批评反馈的能力。我可以只关注可信赖的反馈意见。
如果我向别人征求反馈意见，人家会认为我很弱或者不自信。	我控制不了别人怎么想。我可以用冷静、简洁的语言向待人真诚、受人尊重的人们征求反馈意见并获益。
如果我向别人显露真正的自己，人家一定会拒绝我、抛弃我。	我可以慢慢地向那些更包容、不乱评判的人显露真正的自己。
如果我投入一段关系里，我的伴侣一定会像那些前任一样背叛我的信任。	我可以选择更可靠、诚实、忠诚的伴侣。
如果我不控制我的亲密关系和我的伴侣，我就会失去控制权。	我只能控制我自己、我在亲密关系中的表现、我的语言和行为。

请用下面的表格制作你自己的害怕信条和对应的“驯服害怕”信条。

我的“驯服害怕”信条

害怕内容	“驯服害怕”信条

“你能做的最棒的事情是正确的事情，第二棒的事情是错误的事情，最糟糕的事情是什么都不做。”

——西奥多 · 罗斯福

第十章

我们在“害怕改变”中学会成长

“当世道艰难，害怕爬上心头，想想那些为你铺路的人，想想那些指望你为他们铺路的人。永远别让挫折或害怕决定你的人生道路。坚守住未来的可能性，顶着害怕向前行。”

——米歇尔·奥巴马

2009年在加州大学默塞德分校毕业典礼上的演讲

我们都渴望改变，同时也都对它心存害怕。我们知道熟悉的事物能带给我们舒适感。另一方面，无论人们多么需要和渴望改变，它都有潜在的风险，改变的本质就是制造不舒适。然而，世界和我们的生活永远充斥着改变。从每天踏出家门看到的小小改变，到频繁发生的全球性大事件和大运动，改变无处不在。改变是持久不变的，无论喜不喜欢它都在，永远都在。

有时我们的大脑欺骗我们相信改变不会出现，我们甚至用否认现实的方式把它推开。我们告诉自己，改变是可以控制、可以谈判、可以讨价还价的。有时我们变得疯狂，用愤怒和抗议去对抗改变。我们怀念逝去的好时光，沉浸在悲伤或抑郁里。我们对待否认、谈判、悲伤、愤怒的循环只有一个出路：接纳。唯有接纳改变，我们才能真正去适应它并继续前行。

改变的种类

突然的、意料之外的改变

很多时候，改变是突然降临的，不会事先通知我们。2020 年 3 月，我们都感受到新型冠状病毒肺炎疫情的巨大影响力，我们被迫改变自己的生活，服从世界性的强制隔离政策，以降低公共健康风险。一夜之间，我们发现自己不能去上班或者必须开始远程办公了。我们还不得不限制出行和社交，尽可能待在家里。本以为会被憋疯，但生活还在继续，我们适应了，还学会了带着镣铐健康成长。

我们中的很多人学会了新技能，获得了宝贵的家庭团聚时光，学会了用创造力活动填补空虚，发现了新鲜有趣的科技工具联络所爱之人。我们学到的就是：我们都有能力改变，一旦我们调整好了就开始茂盛生长。

物理学的混沌理论告诉我们：宇宙在不断走向无序。这意味着我们身处的世界在持续变化、持续呈现新的挑战。如果我们接纳它为宇宙的自然秩序，我们就无须害怕它。变化是自然法则，是常量。无论我们多么渴望事物是有序、整齐、安稳的，我们也无法逆转宇宙法则。所以我们必须扩充自己的工具箱，面对不断变化的情势，掌控自己从而茂盛生长。

作为一名心理学家，这种我们都具备的“创伤后成长”的能力让我为之振奋和惊叹。“创伤后成长”理论是由心理学家泰德斯奇和卡尔霍恩提出的，该理论认为在一次心理创伤的调整之后，成长可能在下面五个领域出现：

- 感恩生命
- 人际关系
- 生命中新的可能性
- 个人力量
- 精神变革

“创伤后成长”不等同于复原力，但是对我们的信念系统进行调整会增加复原力。我想这是因为当我们面对挑战和挫折时都会运用内心力量的缘故。

有计划的改变

有计划的改变有时也很有必要。我们可能想换工作、重返职场、发展新的爱好、重回校园或者结束一段亲密关系。这类改变常伴随着对做决定的害怕，我们大概知道自己想做什么，却迟迟拖延着不做决定。有计划的改变可以拆解为一系列的步骤，这样操作起来会容易很多。比如，重返校园可能包括以下这些步骤：

- 调研有哪些大学开设了你想念的专业。
- 计划你要如何支付教育开销（自己花钱还是申请奖学金、助学金或贷款）。
- 选择几所大学进行申请。
- 填写和提交申请材料。
- 学习并完成各种必需的入学前测试或课程作业。
- 从录取结果里选择一所大学。
- 录取工作收尾。

当你把一个目标分解成多个步骤，大的改变就显得不那么遥不可及了。

行为习惯的改变

另一种改变是新习惯的培养。打破根深蒂固的旧习惯似乎是一个难以完成的任务，让我们拿减少高糖分甜食摄入为例。

直到今天，你可能已习惯了饭后要吃块蛋糕。现在你决定，为了你的身体健康，你要改成饭后吃水果。为了达到目的，你需要日复一日每天坚持选择饭后吃水果。为了帮助自己成功，你决定不买蛋糕或类似甜食放在家里，这样你在家时就不会受到诱惑。你还决定每周在固定的时间采购水果，并把水果切片备好。此外，你允许自己想念蛋糕的味道，承认享受水果作为甜食需要一个适应过程。

过了一段日子，你注意到自己对高糖分甜食的欲望消退了，喜欢把水果作为甜食。你用一个更健康的习惯慢慢替换了一个不太健康的习惯，习惯正是这样改变的。

情绪反应的改变

情绪反应的改变通常是最难的。我们可能意识到自己处理事情时需要更平和、更少情绪化，但到了紧要关头，就会发现自己失去了平和，又返回旧模式中去了。

行为是由信念驱动的，情绪反应也是由信念驱动的。当我们试图去改变情绪反应的表现形式时，真正该去改变的是一种由信念所驱动的行为。通常，当我们较真儿、想辩赢对方、误解他人行为的意图时，情绪反应会更加激烈。必须立刻应对、不憋屈自己、惩罚“作恶者”的“恶行”等类似信念又加剧了情绪反应。遗憾的是，这样只会让事态升级而不会得到解决。

情绪反应的改变要慢慢来，首先要观察你的身体。当你感觉自己被情绪淹没时，暂停一下，喝点儿水，离开当前的情境，让身体重新校准。当你感觉更平静了些，命令自己别较真儿别夸大事实。是什么行为让你烦躁了？什么能改善你的处境？然后，判断一下你想要的是否可行。比如，如果你持续一周加班，想要大公司的老总向你道歉，这估计是不可行的。但是，让你的直接主管知晓你周一和周三由于私事必须晚上六点下班，这大体上是可行的。

当你试图培养情绪的改变时，你和他人交流的风格是关键。通常，你表现得越冷静，你传递的信息就越响亮。此外，你可以试着用尽可能少的语言解释状况。对别人提出清晰的要求：“我的平面设计项目需要你的协助，因为我的工作负荷在过去六个月里翻了一倍。我有一些想法想和你一起讨论，这星期你什么时候有空面谈？”上述要求是清晰的，因为它征询了面谈时间，解释了原因，设定了时间期限。你的语言越清晰越具体，对方越容易响应你的要求。

“驯服害怕”的信条

- 我们接纳改变是常态。
- 我们专注于自己能控制的改变。比如，你不能控制公司精简化、取消你的职位，但你能选择寻找另一份工作、社交、联系招聘官、更新简历。
- 我们在不停改变的世界里构建自己的锚。拥抱改变意味着用让自己感到稳固和安定的事物去与之平衡，意味着在工作中和个人生活中建立自己的固定程序。
- 我们知道何时寻求外部支持，比如感到压力不堪重负时。
- 我们懂得设定适当的界限，不过度投入，给自己休整时间。

第十一章
害怕带给我们的礼物

害怕，可能是一个让你抓心挠肝的假警报，也可能是一个可以救你一命的真警报。那一天，我没有时间去考虑每一种可能性，我只是知道我必须行动。

几年前的一个春天午后，我在高速公路上卷入了一起小事故，三辆车追尾，我的车在最尾端。我看着后视镜里坐在后座的女儿的脸，突然觉得我必须带她离开这辆车，越快越好。我们很快坐进了前面那辆车，片刻之后，我们的空车被一辆疾速驶来的十八轮大卡车撞扁了。

是害怕给了我勇气去求助前面的司机，是害怕让我和女儿在那天死里逃生。我以前从未经历过类似的状况，那一天并不是人生经验救了我的命，而是来自害怕的召唤。当时我是在几秒钟之内做出的决策，第六感对我发出危险警报，我听从了，这才得以死里逃生。

在《恐惧给你的礼物：关键时刻直觉能救你的命》一书里，为各大公司和公众人物提供安保服务的安保专家加文·德·贝克尔告诉我们害怕信号如何能保护我们免遭暴力。与担忧和焦虑让我们疑神疑鬼不同，害怕提供了清晰的安全指示，相信那个直觉的声音往往意味着生与死的差别。

随着人生经验的累积，我们的直觉愈发精准，它每时每刻都在自动运转，保护我们免遭危险不误入歧途。加文·德·贝克尔写道："最高等级的直觉信号，紧迫程度最高的直觉信号，是害怕。所以，害怕必须被仔细聆听。"其他的直觉信号按紧迫程度从高到低分别是"疑虑、怀疑、犹豫、预感、好奇、焦虑、惊讶、滑稽、烦躁、挥之不去的念头、生理感觉"。为使自己免遭危险和暴力，我们需要留心倾听这些重要的直觉信号。

“善用害怕”信条

- 信任你的害怕直觉，它可能救你一命。你不需要知道自己为什么离开现场，事后你会明白。
- 能救你一命的害怕，无关别人怎么想，无关你的名声。
- 能救你一命的害怕出现在某个片刻，它并不是对未来的焦虑或担忧。

第十二章
害怕和勇气共存

“勇气是尽管心有害怕也学着无惧，是对逃避的本能置之不理，是放下由害怕产生的怒火，是当你的每个细胞都在对你大喊战斗或逃跑时，你启动理智和心灵，仍去做完你认为正确的事情。”

——吉姆·布彻

有勇气不代表内心没有害怕，而是一边害怕一边向前走。就好像你没带降落伞飞翔，才明白什么是血脉偾张、什么是心跳加速。为什么我们要选择勇气，蜷在安全的被窝里不好吗？因为选择后者会留给你一个暗淡无光、耿耿于怀的生命，留给你因没去追梦、迎接挑战、经历冒险的悔恨。

为了做到有勇气，我们必须遵循这五个步骤：

1. 我们必须自愿放弃安全的外壳。它只是一个假壳子，因为不冒必要的风险，实则是最大的危险。我们可能会失去某个重要的价值观、某个关键的使命、某个精彩的奇遇。唯一通往前方的路是行动。

2. 我们需要挖掘自己的真实想法和自己真正的价值观。为做到这一点，我们需要诚实回答：我真正在乎什么？我们需要给自己个人空间去发现这个答案，那些多如牛毛的“应该”都是噪声，妨碍我们找到自己内心正在吟唱的歌。

3. 我们必须创造意义。当我们遵循自己的价值观去生活时，向前的脚步变得更加轻盈。当你知道画画让你的心灵歌唱时，日复一日地拿起画笔变得那么自然。找到让你的心灵引亢高歌的事情，然后去做这件事情！

4. 放手一搏。行动就等于勇气。你可以等待害怕消散，等待安全感突然降临，你也可以现在就行动，谁知道你会不会等到永远？大多数时间里，我们必须一边害怕甚至胆战心惊着一边采取措施。

5. 心怀信念。有信念，我们才能向前走；有勇气，我们才能放手一搏。勇气不是一条笔直的路，是面对害怕和挫折一次又一次地跌倒后再爬起来继续前行的力量。信任自己，信任你的内心力量能带你渡过难关。最重要的是，请记住：你绝不是一个人。在全世界任何一个角落，在你的城市，在你的街区，在离你一英尺远的地点，都有另外一个人正在进行着相同的战斗。你可能不知道他们是谁，他们在面对谁而战斗，但是他们的存在能使你获得安慰，他们与你同在，同为战友。

致　谢

在这本书的写作过程中，很多人值得我给予最真诚的感谢。写作虽是一个孤独追求的过程，但也需要很多人的输入、支持与合作。尽管我不能在这里一一列出你们的姓名，但请记住我无比感谢你们的支持。

我想感谢最重要的一个人，我的编辑布伦达·奈特，感谢她对这个项目不知疲倦的监督。我还想感谢芒果出版集团的整个团队，帮助我使我的手稿不断进化、成形、最终出版，真的很感谢有如此优秀的团队帮我出版并推广这本书。

我想感谢约翰·达菲博士在我写作和修改原稿过程中不断给我提出宝贵的建议。

我想感谢我的家人。感谢爸爸妈妈对我的爱与支持。感谢女儿玛雅带给我的喜乐和她对于拥有一个作家妈妈这件事的无限热情。

我想感谢丈夫艾力克斯，感谢你给我空间，让我有时间和精力投入这本书的创作。在我不断重理思路、写作、修改的过程中，是你的风趣和情感支持鼓舞我完成了这本书。

最后我想感谢我的来访者们，感谢你们允许我见证你们克服害怕的旅程，每一天都让我看见勇气的真意。

参考文献

第一章

在线韦氏大词典．艾伦·贝克（1987 年）．焦虑障碍与害怕症（第 9 页）．拉尔夫·阿道夫斯（2012 年）．当代生物学 2013 年 1 月 .21;23 R79–R93, doi 10.1016/j.cub.2012.11.055.

第六章

伊森·克洛斯，马克·G. 柏曼，沃特·米歇尔，爱德华·E. 史密斯，托尔·D. 韦格．社交拒绝和生理疼痛的共同体感表征．美国科学院院刊，2011 年 4 月 12 日．108(15): 6270 - 6275.

第七章

金良镐，朴正善，朴美真．在职场安全和健康实践中建立预防文化．https://www.sciencedirect.com/science/article/pii/S2093791116000093#bbib3.

第十章

创伤后成长：为什么有的人复原力更强？复原力可习得吗？罗娜·科力尔．2016 年 11 月．Vol 47, No. 10, p. 48. https://www.apa.org/monitor/2016/11/growth-trauma.

关于作者

海伦·奥德斯基博士是一位广受赞誉的临床心理学家、演讲人、心理教练、焦虑症专家。

她是畅销书《思维变现》的作者。她已从事个体来访、青少年来访、伴侣来访近 20 年。奥德斯基博士的诊所位于芝加哥，她专注于焦虑症的治疗。

她是一位广受欢迎的公众演讲人，定期面对企业客户开展演讲，如毕马威会计师事务所、蒙特利尔银行、美国银行。

奥德斯基博士定期发表与焦虑症相关的博客文章，经常在脸书、照片墙、领英、推特上与不断增长的粉丝们互动交流。